?! 科学漫画（かがくまんが） サバイバルシリーズ

火災（かさい）の サバイバル
（生き残（いのこ）り作戦（さくせん））

かがくるBOOK

화재에서 살아남기

Text Copyright © 2016 by Sweet Factory

Illustrations Copyright © 2016 by Han Hyun-dong

Japanese translation Copyright © 2016 Asahi Shimbun Publications Inc.

All rights reserved.

Original Korean edition was published by Mirae N Co., Ltd. (I-seum)

Japanese translation rights was arranged with Mirae N Co., Ltd. (I-seum)

through VELDUP CO.,LTD.

科学漫画 サバイバルシリーズ

火災の
サバイバル

文：スウィートファクトリー／絵：韓賢東

はじめに

　太古の昔、火山活動や雷によって偶然に発生した火を見た人々は、全ての物を焼き尽くす熱い炎の存在にさぞかし驚いたことでしょう。しかし、その火で肉などを焼いて食べることで生の食べ物から起こる病気にかからずに済むようになったり、金属を鍛錬して道具を作り文明を発展させたりしてきました。

　人類の生活を豊かにしてくれた火は、とても貴重で大事なものですが、時には人間に大きな災害をもたらすこともあります。それは、多くの生命や財産を数時間で奪ってしまう火災事故です。日本で2018年に発生した火災は37900件で実に1400人以上の人命被害や約1000億円を超える損害額が出ています。特に山火事や多くの人が集まる高層ビルで火災が起きると、その被害規模は甚大なものになります。

　このような大きな被害を引き起こす火災事故を防ぐことは出来ないのでしょうか？　実際に私達の周りで起こる火災は、自然に起こるものより人の不注意や安全への意識不足などによって人為的に起こるものが多く、普段から注意していれば十分に防げると言われています。また、火災が起きた場合でも、安全に避難したり初期消火の対処法をみんなが知ってさえいれば、被害を小さくすることができるのです。

Survival from FIRE

　今回のサバイバルは、映画の招待券をもらい、ジオたちが映画館にやって来るところから始まります。
　しかし、消防士の活躍を描いたドラマ『ファイアーマン』の主役であるビナンのサイン会が同じビルであることを聞きつけ、サイン会場に行ってしまった友人らにジオは取り残されてしまいます。その頃、同じビルの２階の食堂で火災が発生し、一瞬で燃え広がり始めた炎に人々は右往左往して逃げ出します。人波に押されたジオとクムボが逃げ込んだ先はトイレで、そこには……。
　炎と有毒ガスの脅威から、ジオとクムボそしてビナンは無事に脱出できるのでしょうか？　火の勢いが増す高層ビルの中で、必死の脱出劇を繰り広げるジオのサバイバルの始まりです。

スウィートファクトリー　韓賢東（ハンヒョンドン）

目次
もくじ

1章
怪(あや)しいサングラスの男(おとこ) ……… 10

2章
緊急事態(きんきゅうじたい)、火災発生(かさいはっせい)！ ……… 26

3章
煙(けむり)から逃(のが)れる方法(ほうほう) ……… 42

4章
ヒーローの真実(しんじつ) ……… 60

5章
危険(きけん)な非常口(ひじょうぐち) ……… 74

6章
救難信号(きゅうなんしんごう)を送(おく)れ！ ……… 94

Survival from FIRE

7章
ビル風の脅威 …………… 114

8章
止まれ、倒れろ、転がれ？ …………… 134

9章
サバイバルマンの贈り物 …………… 154

登場人物

ジオ

「僕についてくれば、火の中からでも脱出できる！」

友人たちも認める「サバイバルキング」！
イケメンスターのサイン会に行った友人らに取り残され1人になり、サングラスの怪しい男のせいで濡れ衣を着せられるなど、騒動に巻き込まれる。炎と煙の中で孤立した極限状態に陥っても、ビナンとクムボを励まして共に危機を脱する。

ビナン

「みんなのヒーロー『ファイアーマン』のビナンです！」

人気ドラマ『ファイアーマン』の主役を演じた俳優。危険極まりない炎の中でもスタントマンなしに演技したと言われていたが、それは事実ではなかった。本当は炎や煙の前では動けなくなるほどの怖がりだったが、撮影で得た火災時の知識を活かしてジオたちを助ける。

Survival from FIRE

「屋上まで歩いて階段を昇らなきゃならないの？」

クムボ

ジオと共にビルに取り残され、大好きなビナンの真の姿を知ってショックを受けるが、それでもファンを止めない心優しい少年。用心深い性格で、すぐに疲れるが、いざという時には勇気を出して行動する。

「ビナンが無事に戻ってくれないと……。」

マネージャー

人気スターのビナンの担当マネージャーで、本当のビナンを誰よりもよく知っている。自由奔放なビナンのせいでいつも苦労しているが、火災でサイン会場から逃げ遅れたビナンを心配する姿は、まるで兄のようだ。

ミキとミョンス

クムボに負けないくらいの『ファイアーマン』のファンで、ビナンのサイン会があると聞き、我先に駆けつけた。火事が起きてからは、ビルに取り残されたジオとクムボを心配するが、ジオのサバイバル能力を信じて救助活動を見守る。

1章
怪しいサングラスの男

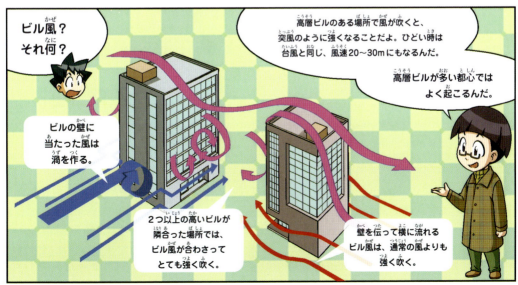

サバイバル科学知識

火事はどうして起こるの？

火が点くための条件

凸レンズで光を集めると温度を上げることが出来るよ。

大昔、火を起こす道具など何も無かった頃、人類は木を使って火を起こしていました。木を擦り合わせると摩擦熱が発生して温度が上がり火種が出来て、この火種を乾いた藁などの燃えやすいものに移すと、空気中の酸素と反応してメラメラ燃える炎になります。ものが燃えることを燃焼と言います。燃焼するためには、ある一定以上の高い温度（木の摩擦熱）と燃えやすい物質（藁）、そして空気中の酸素が必要です。この３つを燃焼の３要素と言い、３つのうち１つでも無かったり不足すると、火は点かなかったりちゃんと燃えなかったりします。

火を消すための条件

火は人間の生活になくてはならないものですが、炎が予想もしない方向に燃え広がったり火をきちんと見てなかったりすると、人命や財産に甚大な被害を与える火災に発展することもあります。火事の現場で火を消す時は、燃焼の３要素を逆に利用して、火が燃える条件を無くしてやればいいのです。例えば、火が燃えている場所の周囲から燃える物質を無くすと、火がそれ以上燃え広がるのを防ぐことができます。また水をかけて温度を発火点以下に下げたり、火が燃えている所に毛布や砂などを被せて空気中の酸素を遮断する方法でも火を消すことができます。実際の火事に際しては、この３種類のうちで状況に合った方法を選んで消火しなければなりません。

🔥 燃える物を無くす

燃え広がらないうちに周りの木を切るんだ！

🔥 温度を下げる

発火点より温度が低いと火は消える。

🔥 酸素の遮断

酸素が無ければ燃えないぞ！

火災の種類

火を消す方法は、燃える物質の種類によって変えなければなりません。油に火が点いた時に水をかけると、水は油と混ざらずに四方に飛び散ってより大きく燃え広がりますし、電気製品から出た火にも水を使うと、水を伝って電気が流れ感電する危険があるのです。そのため日本では状況にあった正しい消火方法をとるように、火災を3つの種類に区分して指導しています。一般に普通火災をA火災、油火災をB火災、電気火災をC火災に分け、消火器のラベルにはどの火災に使うものなのか表示してあります。最近はA、B、Cの全ての火災に使える消火器が主流です。

業務用消火器の適応火災マーク

普通火災（A火災）
木や布などによる火災で、燃え切ると灰が残る。

油火災（B火災）
ガソリンや灯油などの引火性液体による火災。

電気火災（C火災）
充電器などの電化製品や漏電など電気による火災。

不完全燃焼と完全燃焼

火災が発生した場合、高熱の炎だけでなく煙や有毒ガスも命にかかわる危険があります。火災現場の煙の中には有毒なガスが多く含まれており、ほんの数回の呼吸でも窒息状態に陥ると言われています。火は燃える途中に燃焼の3要素のうち1つでも不足すると、一酸化炭素や塩化水素のように毒性の強いガスが発生し、この現象を不完全燃焼と言います。閉め切った空間で練炭を燃やして中毒事故が起こる理由は、酸素が不足して不完全燃焼が起こり発生した一酸化炭素が、体内の赤血球が酸素を運搬するのを妨害するからです。

完全燃焼と不完全燃焼　完全燃焼だと炎は青く、不完全燃焼だと炎は赤くなる。

2章
緊急事態、火災発生！

うわ、スゴい人だなぁ。こんなに人気があるの？

ところでみんなはどこにいるんだ？

あ、あそこにいた！

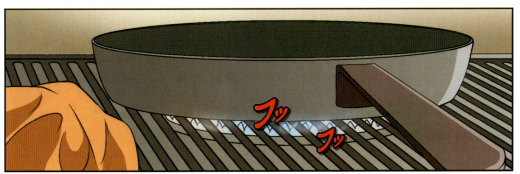

サバイバル科学知識

火事を防ぐ道具、消火器と消火栓

消火器の種類と使用方法

　火事が起こってすぐの初期段階は、消火器が重要な役目を果たします。消火器は中に入っている消火剤で、火災現場を冷却したり酸素を遮断したりして火を消す仕組みになっています。消火剤の化学反応でできた泡が酸素を遮断する泡消火器や、粉末消化剤が酸素を遮断する粉末消火器、直接火に液化二酸化炭素を撒いて酸素を遮断する二酸化炭素消火器などが一般的です。消火剤にハロンを使ったハロン消火器は、電気やガス火災などにも使うことができます。

消火器の使用方法

- 風上から慎重に火に近付く。
- 消火器を地面に置いて安全ピンを抜き、ホースのノズルを火元に向ける。
- レバーを強く握って火の根元を狙い消火剤を撒く。

消火器の発明家、マンビー

1818年、イギリスの軍人ジョージ・マンビーは消防士が建物の屋上の火事を消火出来ないのを見て、火に近付かなくても火事を消火出来る方法はないかと考えました。そして、銅で出来た容器に火を消す薬剤を入れて中の空気を圧縮し、バルブを開けると圧縮した空気によって薬剤が外に吹き出して火事を消火する銅製のシリンダー型消火器を考え出したのです。現在の消火器も、マンビーが考えたものと同様の仕組みが使われています。

銅でできた初期の消火器。

消火器の管理方法

消火器は火事に備えて設置が義務付けられている建物もありますが、置きっぱなしにせず、普段から状態を点検していないと、実際に火事が起こった時に使えなくなってしまいます。消火器に入っている消火剤が固まっていないか、消火器の圧力計が異常値を示していないかを確認して、消火器を目につく場所に保管します。

水を使う消火栓

消火器は初期消火に効果的ですが、大規模な火事になると火を消すためにたくさんの水が必要になります。このため道路や大型施設には、水道の給水管に消火ホースをつなげて火事の消火に使える施設を設置しており、これを消火栓と言います。消火栓は建物の外にある屋外消火栓と、建物の中にある屋内消火栓があります。屋外消火栓の場合、火災現場の外から使うので安全に使えると言う利点がありますが、冬には凍ってしまい使えなくなる危険性があります。屋内消火栓には中に折りたたまれた長いホースが入っていて、消防士が到着する前に一般の人でも消火活動ができるようになっています。

屋内消火栓 種類によって起動スイッチを押したり、バルブを回して作動させるものがある。

屋外消火栓 雨や雪の日などでも、よく目立つように赤く塗ってあるものもある。

©PIXTA

3章
煙から逃れる方法

ど、どうしよう？
本物の火事だ……。

火事だー！

火事！！

ゲホ

ゲホ

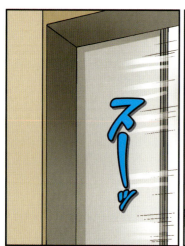

サバイバル科学知識

火災のいろいろな原因

自然が起こす自然火災

　自然現象によって火災を起こす原因のうち、最も多いのは雷です。落雷の瞬間温度は約3万℃で、これは太陽の表面温度の約5倍に当たります。そのため雷が落ちると木造の建物に火が点いたり、熱で熱くなった電線が爆発することもあるのです。雷の他に、強い太陽熱などによっても火災が発生することがあります。強い太陽熱を長時間浴びた自動車から出火したり、カリフォルニアのように非常に乾燥した地域では強風で切れた電線の火花が大きな山火事を起こしたこともありました。

建物の上の避雷針　高い建物に雷の電流を地中に流す避雷針を立てて、雷による火災事故を防ぐ。

人が起こす人為的火災

　統計によると、火災の原因は自然発火よりも人間の行動によって起きるものの方が多くあります。
　日本で年間約4万件起きている火災のうち、最も多いのは放火によるもので、次いで、タバコの不始末による火災や、コンロの不始末による火災と続いています（2018年）。この他、ストーブの周りに服や紙などの燃えやすいものを置いたり、花火の火をきちんと処理しなかったりすることも火災の原因となっています。また、コンセントにプラグをしっかり差し込まなかったり、たくさんの電化製品を同時に使ってコードが過熱したりすることで火災が起きることもあります。

火事を防ぐためには？

　火事が発生すると、普通は数十秒ほどで煙が室内に立ち込め、ほんの数分で火が、発生した所の周囲を炎でおおってしまいます。また、煙が充満した場所で爆発が起きると、一瞬で火花が飛び散り燃え広がります。突然の火災事故が起こらないよう、日常生活でどんなことに注意しなければならないか調べてみましょう。

場所によって異なる火災予防

🏠 家庭で

- ガスレンジを使った後は、スイッチを消して元栓を閉めたかどうか必ず確認しましょう。
- 熱を持っている電気器具や、調理器具の近くには燃えやすいものを置かないようにしましょう。
- 使っていない電気器具のプラグは抜いておき、電気製品は規格にあったコンセントを使いましょう。

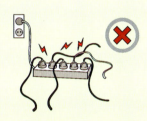

🏠 学校や図書館など公共の場所で

- 火災発生時、迷わないよう非常口や消火器の位置を確認しておきましょう。
- アルコールランプなどの実験器具を使う時は、特に注意をして先生の指示に従います。
- マッチやライターのような道具を、むやみに使ったりイタズラをしないようにします。

🏠 公園やキャンプ場などの野外で

- 決められた場所でだけ火を点けたり料理をしたりして、火が周囲に燃え移らないように注意しましょう。
- ガスを使ったスプレーは引火しやすいので、火の気がない所で使いましょう。
- テントのように換気がよく出来ない空間では、バーナーや携帯用のガスコンロなどを使わないようにしましょう。

4章 ヒーローの真実

サバイバル科学知識

火災現場から退避する方法

　火災が発生すると、火はすごいスピードで燃え広がります。火災が発生した時は、まず「火事だ！」と大きな声で叫んで周囲に火災発生を知らせ、安全な所に逃げることが重要です。普段から非常口の位置や避難経路、どのように逃げるかなどを十分に調べておくと、火災で慌てた状態でも素早く安全に退避することができます。

地下鉄で火災が起こった場合

　地下鉄の駅や列車内で火災が発生すると、迅速に消火活動を行ったり逃げたりすることは簡単ではありません。地下鉄の中で火災を発見した場合は、速やかに火元の車両から離れましょう。そして、車両にある非常通報器で乗務員に火災が起きていることを連絡しますが、この連絡は大人にやってもらいましょう。その後は、乗務員や駅職員の指示に従って行動します。

　たいていの地下鉄の車両は、燃えにくい材料で作られています。ですから、火災が起きても火元から十分に離れれば、慌てて外に出ることはありません。逆に、線路内は高圧電流が流れていますし、反対側から別の車両が来るかもしれないので、勝手に外に出るほうが大変危険です。外に出る時は、必ず乗務員の指示に従いましょう。

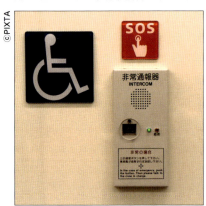

ドアの側の非常通報器　地下鉄の車両内にある非常通報器を使うと、地下鉄の運転士と直接話ができ、車内の異常を伝えることができる。

大型施設で火災が起こった場合

　いつもお客さんでいっぱいな百貨店や大型映画館、多くの人が暮らしているマンション、大勢の生徒が学ぶ学校や学習塾などで火災が起こると、とにかく迅速かつ安全に避難することが重要になります。それは、建物の中の人々が混乱して逃げ惑うと想像以上の大きな事故につながることがあるからです。大型施設で火事が起こった場合、最初にすることは非常口の位置を確認することです。そして閉まっているドアを開けて逃げる場合、まず先にドアノブが熱くなっていないか確認しなければなりません。また、高い建物はフロアが何階もあり、火災が発生したことや状況がなかなか伝わらないことがあるので、緊急放送をよく聞いて避難の指示に従って行動します。建物の外に脱出した後も、火災現場の建物からはできるだけ遠くに離れているようにしましょう。

野外で火災が起こった場合

　野山や公園、キャンプ場のような野外で火災が起こると、周辺に火が燃え広がる危険があります。小さな火種は衣服や毛布、消火器などで消せますが、すでに炎が燃え広がっている場合は風に乗って火が拡散するので、風上の方向に向かって逃げなければなりません。走って逃げられない状況では、火が燃えやすい枯葉や小枝が少ない場所を選んで顔を覆って姿勢を低くしていましょう。

119番に通報する方法

　火事を発見した場合は、まず周囲にそのことを伝えて安全な場所に逃げなければなりません。緊急避難した後、119番に電話をかけて火事現場の住所や近くの大きな建物を説明し消防本部に位置を伝えます。火事の規模や原因などが分かっている時はそれも説明し、説明し終わっても消防本部が分かったと言うまで電話を切らずに待っていましょう。

○○区の△△ビルの後ろから火が出てる！

5章 危険な非常口

25階建てか……。まだ脱出できてない人が大勢いるはずだ。

初期消火もできなかったから、被害は大きいかも知れん。

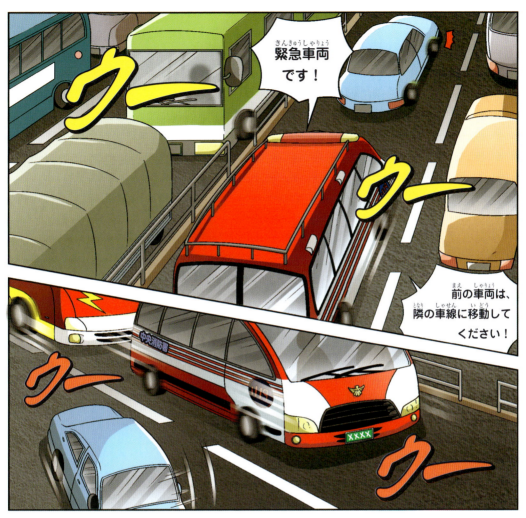

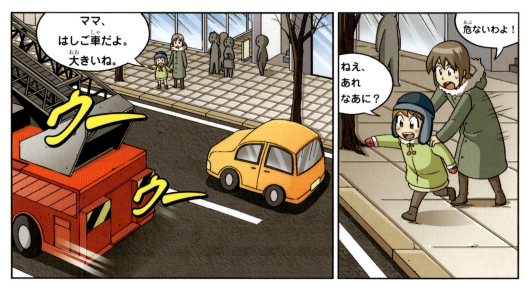

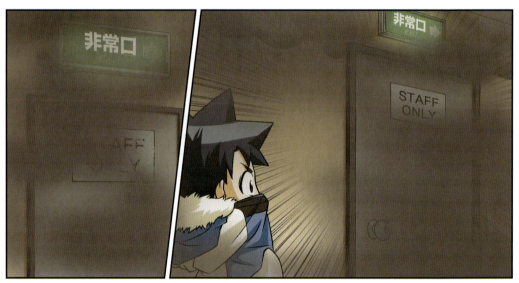

サバイバル科学知識

5分以内に到着、119番通報

　消防士は通報を受けて出動の指令が出ると、それまでの仕事を中断して消防車に乗り込みます。実際に指令室から管轄の消防署に指令が伝わるまで約1分、消防車が出動して現場まで平均で4〜5分で到着します。

通報から出動まで

　119番にかかってきた通報は、各県や市町村の防災センターや消防本部でまとめて受け、現場に最も近い消防署に出動の指令を下します。それぞれの消防署で出動できる隊員の人数や車両の数は常に変動するので、火災の規模が大きい時はいくつかの消防署から出動して消火に当たる部隊の増強を行います。消防士は現場に向かう消防車の中で準備を整え、無線で最も早く到着出来るルートを知らせてもらいます。こうして消防車が火災現場に到着するのにかかる時間は約5分です。消火活動や情報収集、避難誘導など消防士はいつも緊張を解くことができません。

災害救急情報センター　東京23区内の119番通報を受信。火災現場に消防部隊を出動させる指令を出す。

©朝日新聞社

初期消火とは

　火災現場では、火が出た直後から3分間がとても重要です。5分が過ぎる前に初期消火を行うと、炎が燃え広がるのを防ぐことが出来るからです。他に交通事故のような事故も、初期の対応によって被害を減らせることから、これを非常に重要に考えています。消防士が5分以内に現場に到着するためには、私たちの協力が必要です。道路を走っている自動車は道を譲って消防車が先に通れるようにしたり、消防署にいたずら電話等をして不必要な出動をさせたりすることがないようにしましょう。

消防車が出動するまで

　火災通報を受けて出動する消防車は、一体何台になるでしょうか？　消防署の状況や火災現場の規模によって異なりますが、東京消防庁の火災発生時の「出場体制」の場合、9～14台の消防部隊が出動します。火災通報を受けると、火災現場に近い消防署など数カ所から同時に消防車を出動させます。消防車が道路の状況や火災現場の周りの状況によって到着が遅れるのを、出来る限り防ぐ意味があります。

　また、消防車は出動する順番も決まっています。主に交通状況を調べて他の隊員を指揮するために指揮車が最も早く出動し、ポンプ車や水槽付きポンプ車がその後に続きます。次に、火災現場から脱出できなかったり、崩れた建物のせいで出て来られない人々を救出するための装置を積んだ救助車や救助用重機・重機搬送車などが出動します。状況によってはしご車などの特殊車両が出動することもあり、救急患者を運ぶ救急車は1番最後に出動します。救急車が最後尾につくのは、その後に到着した消防車が火災現場の建物に近付けなかったり、すぐに病院に運ばなければならない患者を迅速に運べなくなるからです。消火するためには、いくつかの消防署や防災センターが協力して、人々を救助するために努力しています。

©朝日新聞社

はしご車で救助する消防士。

6章
救難信号を送れ！

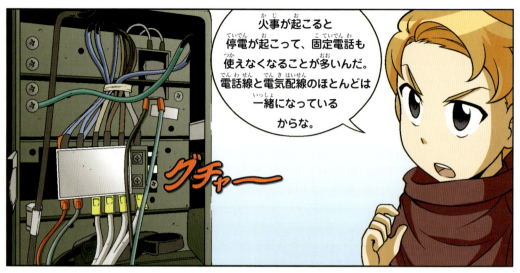

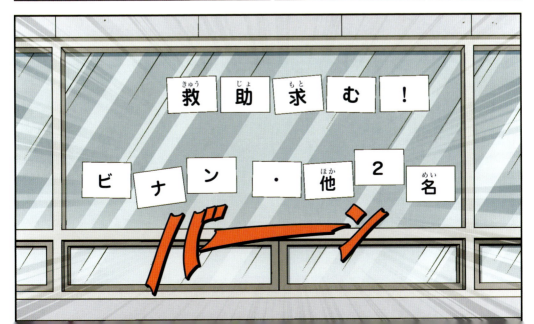

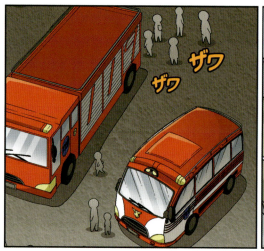

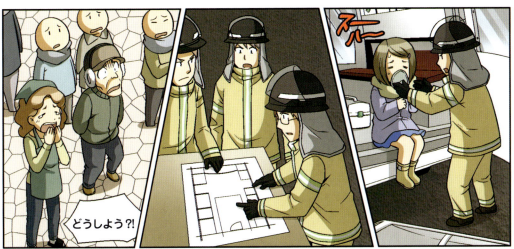

サバイバル科学知識

火傷の種類と処置

いろいろな火傷

ガスの爆発事故や火災の現場、または日常生活で調理器具やライターなどの使い方を誤って、皮膚を火傷することがあります。火傷は原因によって、火や熱い液体、気体などに直接皮膚が当たって起こる熱傷火傷、化学物質による化学火傷、熱い空気や煙を吸い込んで喉に起こる気道熱傷などに分かれます。気道熱傷は、主に煙を吸って気管支や肺に起こるので、外から見ても火傷してるかどうか見分けがつきにくいです。従って火事の現場にいた時は、火に近付かず傷もないように見えても必ず病院で診察を受けましょう。

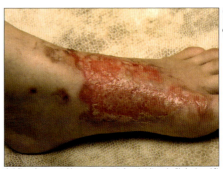

火傷を負った状態　Ⅱ度以上の火傷は自然治癒が難しく跡が残ることがある。

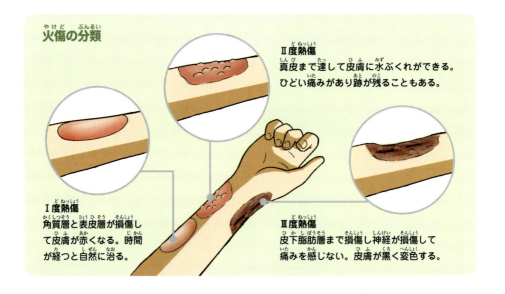

火傷の分類

Ⅱ度熱傷
真皮まで達して皮膚に水ぶくれができる。ひどい痛みがあり跡が残ることもある。

Ⅰ度熱傷
角質層と表皮層が損傷して皮膚が赤くなる。時間が経つと自然に治る。

Ⅲ度熱傷
皮下脂肪層まで損傷し神経も損傷して痛みを感じない。皮膚が黒く変色する。

火傷を負った時の応急処置

軽い火傷は時間が経つと自然に治りますが、ひどい場合は回復するのに時間がかかるだけでなく、完全には回復しないこともあります。そのため火傷を負ったらすぐ適切に対応して傷がひどくならないようにしなければなりません。火が点いた布や熱い物体が皮膚に当たった場合は、すぐに皮膚から離しましょう。火傷の傷がひどく、衣服などがくっ付いてしまった場合は、無理に剥がさずに流水をかけて冷やしてからゆっくりと剥がしたり、ハサミで切り取らなければなりません。傷の部分を冷やす時に氷を使うと、血液の循環が悪くなってよりひどい傷になることがあります。細菌感染を防ぐために、傷には清潔で乾燥した包帯やガーゼを当てなければなりませんが、分泌液が出たり皮膚がめくれている場合には、傷にくっ付く危険があるのでしばらくは何も被せないほうがいいでしょう。水疱ができている場合は、触れずにできるだけ早く病院で診察を受けなければなりません。

様々な怪我の対処方法

火災現場では、火傷以外にもガラスの破片のような鋭いもので手や足などを切ったり、高い所から落ちたり転んだりして骨折や擦り傷などを受けてしまうことがあります。そんな時は状況にあった適切な応急処置の方法を学びましょう。ひどい場合は、速やかに病院に行きましょう。

切り傷などを負った場合
傷から出血した時は、出血箇所を心臓より高くして、衣服や包帯などで縛って止血します。

骨折した場合
安全な場所に移動してから折れた所を動かさないようにして、折れた部分を軽く押し、痛みがある部分を中心に添え木を当てて固定します。

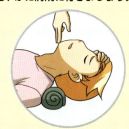

煙やガス等を吸った場合
意識を失った人がいたら、空気がきれいな所に寝かせ衣服や布を首の下に置いて気道を確保します。

7章
ビル風の脅威

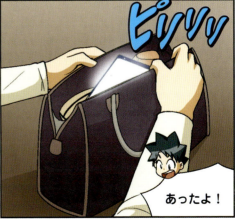

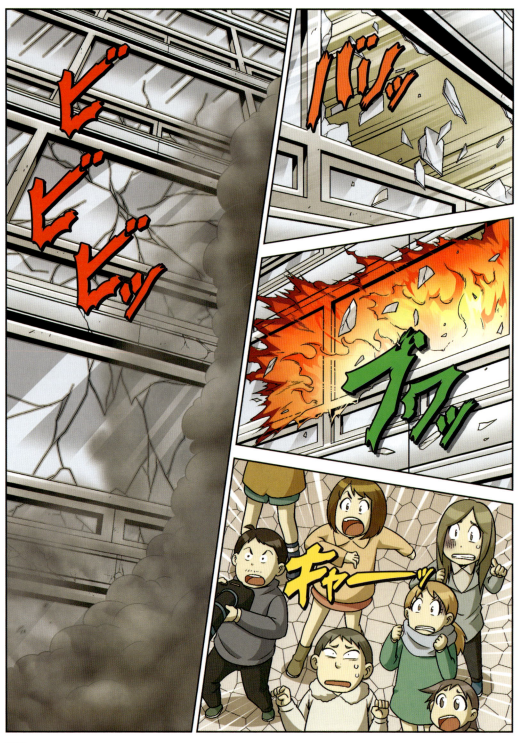

サバイバル科学知識

勇敢な消防士

　消防士は365日、昼も夜も関係なく火災などの災害から私たちの安全や財産を守ってくれています。昔は火事の消火が重要な任務でしたが、最近では台風や地震などの災害現場や事故の現場に出動して緊急救助や救急活動を行っています。

消防士の様々な役割

　消防士の最も代表的な任務は火事の消火です。火事が発生すると1秒でも早く現場に出動できるように、普段からも常に装備をチェックして管理しています。火事が発生する前に予防できるよう点検することも、消防士の重要な任務です。建物に消火器や消火栓などの消火設備があるかどうか、人々が逃げる時に使う設備や、逃げられるだけの場所や通路が整備されているか、爆発の危険があるガス器具がないかなどを点検して調べています。また台風や地震などの自然災害、交通事故や建物の崩壊などの事故が発生すると、現場に駆けつけて救助隊員と共に救助活動を行います。

救助活動を行う消防士　消防士の任務には火事の消火、人命救助、患者の搬送などがある。

消防士になるには

　命を守る消防士になるにはどのようにすれば良いのでしょうか？　まず消防士になるための＊消防士採用試験に合格しなければなりません。採用試験は筆記試験と体力検査、そして身体検査と適性検査、面接試験などが行われます。筆記試験には消防学や消防法のような専門試験だけでなく、文章や英文理解などの教養試験も含まれます。試験に合格した後も、消防車や消防装備を扱えるよう技術を磨いたり、火災予防についての基本的な法律も熟知していなければなりません。強靭な体力と正義感が求められる職業でもあります。

＊消防士採用試験は各都道府県によって異なる。

消防士を守る防火服

　消防士は、危険な火災現場の中に入っていって、火事を消火し人々の安全を守らなければならないので、火に強い特殊素材でできた防火服を着用しています。とても頑丈で、熱にも強いアラミド繊維でできた防火服は、400℃以上の高温にも耐えることが出来ます。しかし防火服と消防装備の重さを合わせると20kg以上になり、内部の熱があまり放出されないので、消火の時消防士は40℃以上の体感温度に耐えなければなりません。

防火服の構造

安全ヘルメット 炎や熱気、外部の衝撃から頭を保護する。

空気呼吸器 有毒ガスの中でも、空気を供給してくれる。鼻や口の上に着用する。

圧力計 背中に背負っている酸素ボンベにつながって、残りの空気量を確認出来る。

無線機 火災現場の状況や情報を迅速にやり取りすることができる。

安全手袋 水と火に強い素材で作られていて、指や手を保護する。

安全靴 尖った物を踏んでも怪我しないよう足の裏や指を金属で保護してあり、靴底は滑らないようになっている。

これを装備するのに1分もかからないんだって！

8章 止まれ、倒れろ、転がれ？

サバイバル科学知識

多くの命や物を奪った大規模火災

千日デパート火災

1972（昭和47）年5月13日、大阪市の繁華街にあった千日デパートで火災が発生しました。

午後10時30分頃に3階の婦人服売り場で出火。古いビルのため、自動の防火扉やスプリンクラーがなく、火は燃え広がりました。出火の原因は工事関係者のタバコの火の不始末だと言われています。

ほとんどの店は閉店後だったので従業員も客もいませんでしたが、7階にあった飲食店には多くの客がいました。そして、火事の煙が7階に充満したために、その飲食店の従業員や客は逃げ場を失い、118人が亡くなり、81人が負傷するといった大惨事となりました。

千日デパート火災の消火活動　日本のビル火災史上最悪の大惨事となったこの火災は、建築基準法や消防法改正のきっかけになった。

アメリカ、アリゾナの山火事

アメリカ西部に位置するアリゾナ州では、大規模な山火事が頻繁に発生して問題になっています。気候の変化や異常気温でアメリカ西部地域の降水量が減り、夏でも乾燥した天気が続いたせいで小さな火がすぐに燃え広がってしまうのです。特に2013年6月アリゾナ中部で発生した山火事では、東京ドーム85個以上の面積が焼け、消防士19人の命が奪われました。

アリゾナ州の大規模な山火事　アリゾナ州があるアメリカ西部地域では、夏のひどい暑さと乾燥で大規模な山火事が頻繁に起こっている。

酒田大火

　1976（昭和51）年10月29日の午後5時40分ごろ、山形県酒田市の商店街で火災が起きました。

　映画館のボイラー室から出た火は、折しも吹いていた西からの強風にあおられて瞬く間に周りの木造の建物に燃え広がりました。強風は消火活動も妨げ、ようやく12時間後に鎮火しましたが、22.5ha（東京ドーム約5個分の面積）が焼け野原となってしまいました。

　この火災により、1700棟以上の建物が消失、亡くなった方は1人、3000人以上の被災者が出ました。

崇礼門放火事件

　2008年2月10日午後8時50分、韓国の国宝第1号の崇礼門が燃えていると言う通報がありました。遅い時間だったので管理者はおらず、通りすがりの市民が偶然に発見しあわてて消防署に知らせたのです。消防車32台と消防士128人がすぐに出動しましたが火はなかなか消えず、火災発生から5時間後にほとんどの部分が燃え尽きて崩壊してしまいました。この火災は可燃性のシンナーを使って門に火を点けた放火犯の犯行で、600年の歴史を持つ文化財が炎に包まれて消失した悲しい事件でした。

炎に包まれた崇礼門。

約5年の復旧工事で現在は昔の姿を取り戻したんだ。

9章
サバイバルマンの贈り物

ウヌヌ……、子供のくせに重いな……。

あ、危ない！

もう少しで頭にぶつかるところだったぞ！

ビナン、大丈夫だった？

火災のサバイバル

2016年11月30日　第1刷発行
2025年4月30日　第19刷発行

著　者　文　スウィートファクトリー／絵　韓賢東
発行者　片桐圭子
発行所　朝日新聞出版
　　　　〒104-8011
　　　　東京都中央区築地5-3-2
　　　　編集　生活・文化編集部
　　　　電話　03-5541-8833（編集）
　　　　　　　03-5540-7793（販売）

印刷所　株式会社リーブルテック
ISBN978-4-02-331528-0
定価はカバーに表示してあります

落丁・乱丁の場合は弊社業務部（03-5540-7800）へ
ご連絡ください。送料弊社負担にてお取り替えいたします。

Translation：HANA Press Inc.
Japanese Edition Producer：Satoshi Ikeda
Special Thanks：Noh Bo-Ram / Lee Ah-Ram
　　　　　　　　（Mirae N Co.,Ltd.）